UN FOCO EN LA NATURALEZA

EL COCODRILO

LAURA PURDIE SALAS

TRADUCCIÓN DE SANTIAGO OCHOA

CREATIVE EDUCATION • CREATIVE PAPERBACKS

Published by Creative Education and Creative Paperbacks
P.O. Box 227, Mankato, Minnesota 56002
Creative Education and Creative Paperbacks are imprints
of The Creative Company
www.thecreativecompany.us

Design by Jen Bowers; production by Beeline Media & Design, Inc.
Art direction by Tom Morgan
Translated by Santiago Ochoa
Printed in the United States of America

Photographs by Getty Images (Cathy Scola, pailoolom), Shutterstock (Stephen Barnes, Rattanasak Khuentana, Mark_Kostich, reptiles4all, Nikolay 007, Alessandro De Maddalena, jeep2499, PUMPZA, Kurit afshen, Lauren Suryanata, Vladimir Turkenich, Zeno Swijtink, Cheryl Jayaratne, Boris Mayer, Sergey Uryadnikov, jo Crebbin, Eric Isselee, Volodymyr Burdiak, wilaiwan jantra, fotoslaz, JTKP, Matyas Rehak, Tanyapatch, You Touch Pix of EuToch, Padodo)

Library of Congress Cataloging-in-Publication Data
Names: Salas, Laura Purdie, author.
Title: El cocodrilo / Laura Purdie Salas.
Other titles: Crocodile. Spanish Description: Mankato, Minnesota : Creative Education and Creative Paperbacks, [2025] | Series: Un foco en la naturaleza | Includes bibliographical references and index. | Audience: Ages 10-13 | Audience: Grades 4-6 | Summary: "Wade into the crocodile's world with our new book for mid-level readers, in Spanish. An engaging narrative of a crocodile family, captivating images, infographics, milestones, and resources make it perfect for young nature enthusiasts"-- Provided by publisher.
Identifiers: LCCN 2024003298 (print) | LCCN 2024003299 (ebook) | ISBN 9798889894667 (library binding) | ISBN 9781682776933 (paperback) | ISBN 9798889894742 (ebook)
Subjects: LCSH: Crocodiles--Juvenile literature. | Crocodiles--Life cycles--Juvenile literature. | Crocodiles--Australia--Mary River (N.T.)--Juvenile literature.
Classification: LCC QL666.C925 S335418 2025 (print) | LCC QL666.C925 (ebook) | DDC 597.98/2--dc23/eng/20240227

ÍNDICE

CONOCE A LA FAMILIA

LOS COCODRILOS DE AGUA SALADA

del río Mary

El río Mary, en el norte de Australia, tiene 140 millas (225 kilómetros) de largo. Esta región tiene una estación seca y otra húmeda. Las temperaturas son cálidas todo el año. La fauna es abundante. Los martines pescadores azules sobrevuelan la zona. Los ualabíes visitan las orillas. Grandes barramundis nadan en las oscuras aguas.

Este río también alberga al mayor reptil del mundo: el cocodrilo de agua salada. Pasan mucho tiempo en el mar, pero se aparean y crían en los ríos durante la estación húmeda.

Un día de febrero, una hembra de cocodrilo se acercó a la orilla. Construyó un montículo de tierra cerca del agua que medía casi dos pies de alto (0.6 metros) y seis pies de ancho (1.8 m). Allí puso 50 huevos grandes, ásperos y blancos. Los cubrió con barro y palos. Durante meses, cuidó y calentó el nido. Ahuyentó a los grandes lagartos y cerdos salvajes que se acercaban.

Ahora, en este cálido día de mayo, sus huevos están a punto de eclosionar.

PRIMER PLANO

Diente de huevo

El diente de huevo no es realmente un diente. Es un pedazo un poco duro en la punta del hocico de una cría de cocodrilo. Ayuda a la cría a cortar la membrana justo dentro de la cáscara del huevo. El diente de huevo desaparece en una semana.

CAPÍTULO UNO

LA VIDA COMIENZA

Los cocodrilos son reptiles de gran tamaño. La especie más grande es el cocodrilo de agua salada de Australia. Puede llegar a medir 23 pies de largo (7 m) y pesar 2,200 libras (998 kilos). Cada cocodrilo gigante empieza siendo un huevo pequeño. La temperatura de un nido determina el sexo de las crías que nacen en él. Un nido a una temperatura de 91 grados Fahrenheit (32.8 grados Celsius) producirá sobre todo machos. Un nido más frío o más caliente que eso producirá mayoritariamente hembras. Los cocodrilos son los únicos reptiles que cuidan a sus crías. Las madres permanecen cerca de sus crías durante varios meses para protegerlas de los depredadores.

Todos los cocodrilos tienen un hocico largo, mandíbulas fuertes, muchos dientes y una cola poderosa. Tienen una piel dura con escamas y escudos. También tienen patas cortas y un cuerpo largo y pesado. Los cocodrilos son carnívoros. No son muy exigentes y comen cualquier carne que puedan capturar. Suelen comer aves, peces y tortugas. Los grandes cocodrilos pueden comer grandes mamíferos. Los cocodrilos del Nilo, en África, a veces comen cebras y ñus. Los cocodrilos «Mugger» de la India comen monos.

HITOS DEL COCODRILO DE AGUA SALADA AUSTRALIANO

DÍA 1

- Utiliza un diente de huevo para salir del huevo.
- Longitud: 11 pulgadas (28 centímetros).
- Peso: 2.5 onzas (70 gramos).
- Marcas amarillas pálidas y negras.
- Ya está completamente formado.
- Atrapa su propia comida.

Los cocodrilos son semiacuáticos. Viven en tierra y en el agua. En tierra, caminan tanto agachados como erguidos. Cuando caminan agachados, su vientre se desliza por el suelo. De lo contrario, mantienen el vientre separado del suelo y permanecen erguidos sobre sus cuatro patas.

La mayoría de los cocodrilos viven en regiones tropicales. Algunas especies prefieren el agua dulce, aunque muchas prefieren el agua salada. La mayoría de los cocodrilos pueden vivir en aguas salobres, que tienen una mezcla de ambas. La coloración de los cocodrilos suele ser verde, gris o café. Esto les ayuda a camuflarse en el agua y en las orillas fangosas de los ríos.

PRIMER PLANO

Dientes de verdad

Los cocodrilos tienen entre 50 y 100 dientes. Sirven para agarrar y desgarrar, pero no para masticar. Por eso los cocodrilos despedazan a sus presas. A los cocodrilos siempre les crecen dientes nuevos. Un cocodrilo puede cambiar cada diente hasta 50 veces a lo largo de su vida.

FAMLIA DESTACADA

Bienvenido al mundo

«¡Urmp. Urmp!». Un sonido entre un gorjeo y un graznido surge del nido. La madre cocodrilo lo reconoce. Suavemente retira el barro para dejar los huevos al descubierto. Una a una, las crías utilizan un diente especial para salir. Sólo una cuarta parte de los huevos eclosionan. Cuando lo hacen, las crías miden unas 11 pulgadas (28 cm). Son de color amarillo pálido y negro. La madre cocodrilo recoge a sus crías en la boca. Las lleva con cuidado al agua. Una cría curiosa es la primera en aventurarse audazmente en el río.

Los cocodrilos son expertos en no moverse. Pasan mucho tiempo esperando a sus presas, casi siempre sumergidos bajo el agua. En África, los cocodrilos del Nilo permanecen inmóviles durante horas o incluso días. Los cocodrilos también dominan los movimientos rápidos. Cuando encuentran la presa adecuada, arremeten a una velocidad asombrosa. El ataque termina en una fracción de segundo. Después vuelven a quedarse quietos.

Como depredadores ápice, los cocodrilos están en la cima de la cadena alimentaria. Su caza mantiene el equilibrio de las poblaciones de presas. Los huevos y crías de cocodrilo también forman parte de la cadena alimentaria. Están en la parte inferior. Proporcionan alimento a otras especies e incluso a otros cocodrilos. Todos los cocodrilos también son carroñeros. Eso significa que comen carroña, como los animales muertos que los torrentes llevan al río.

(6) SEMANAS

- Ya es agresivo con otros cocodrilos.
- El diente de huevo ha desaparecido.
- Permanece cerca de la madre.
- Se alimenta principalmente de insectos y arañas.
- Hembras y machos son del mismo tamaño.

PRIMER PLANO

Escudos

Los escudos son un tipo especial de escamas con una base ósea. Forman crestas en el lomo y la cola del cocodrilo. Los escudos de la cola ayudan al cocodrilo a moverse con fuerza por el agua agitando la cola de un lado a otro.

FAMLIA DESTACADA

La primera comida

Aunque la madre cocodrilo permanece cerca para su protección, las crías capturan su propia comida. El pequeño macho es especialmente ansioso. Descansa en el agua donde las hierbas se doblan con la brisa. Un saltamontes brinca. El pequeño cocodrilo lo agarra con sus dientes diminutos y afilados. Se lo traga entero. Por ahora es feliz comiendo insectos y otros invertebrados. Pronto, comerá ranas y peces pequeños. Más tarde, devorará presas mucho más grandes.

Los cocodrilos vienen en TODOS LOS TAMAÑOS

Hombre humano: 6 pies (1.8 m) de altura.

Cocodrilo enano del Congo: 6.6 pies (2 m) de largo.

Cocodrilo «Mugger»: 11.5 pies (3.5 m) de largo.

Cocodrilo del Nilo: 13.1 pies (4 m) de largo.

Cocodrilo de agua salada: 17 pies (5.2 m) de largo.

(3) MESES

- Longitud: 13.4 pulgadas (34 cm).
- Peso: 3.5 onzas (100 g).
- La madre ya no protege a las crías.

PRIMER PLANO

Párpado nictitante

A esta estructura a veces se le denomina tercer párpado. En realidad, es una membrana transparente. Se desliza hacia adelante y hacia atrás a través del ojo en lugar de moverse hacia arriba y hacia abajo. Esta membrana protege los ojos del cocodrilo bajo el agua. Sin embargo, también dificulta que el cocodrilo enfoque su visión.

CAPÍTULO DOS

LAS PRIMERAS AVENTURAS

Al cabo de unos meses, las crías están solas. Su mundo es peligroso. En algunas especies, sólo una de cada 100 crías sobrevive hasta la edad adulta. Peces, aves zancudas, tortugas y lagartos amenazan a los cocodrilos jóvenes. También lo hacen los cocodrilos más grandes, que ven a los machos jóvenes como futuras amenazas. Una vez que los cocodrilos alcanzan alrededor de tres pies (0.9 m) de longitud, están a salvo de muchos peligros.

Los cocodrilos tienen varios métodos de caza. Suelen tender emboscadas a sus presas. Con este método, los cocodrilos se esconden y esperan el momento oportuno para atacar por sorpresa. Los cocodrilos también cazan nadando tras su presa en la superficie del agua. A veces, cazan bajo el agua. Sin embargo, el tercer párpado del cocodrilo le impide ver con claridad bajo el agua. Los cocodrilos suelen cazar de noche, cuando su visión es más nítida.

Como no pueden masticar la comida, se la tragan en grandes pedazos. Por suerte, el líquido de sus estómagos es muy ácido. Descompone rápidamente su comida.

6 MESES

- Longitud: 16 pulgadas (40 cm).
- Peso: 8 onzas (227 g).
- Todavía debe evitar a los depredadores.
- Come peces pequeños y ranas.

PRIMER PLANO

Órganos sensoriales

Los cocodrilos tienen miles de protuberancias en la cara y el cuerpo. Estos órganos sensoriales pueden sentir movimientos en el agua o un ligero cambio de temperatura.

FAMLIA DESTACADA

Mira quién duerme con un ojo abierto

El joven cocodrilo tiene seis meses y casi un pie (40 cm) de largo. Muchos animales lo consideran un tentempié. Tortugas, peces grandes, pitones y cocodrilos aún más grandes son amenazas. ¡Por eso el joven cocodrilo duerme con un ojo abierto! Este comportamiento se denomina **sueño unihemisférico**. Cuando la mitad izquierda del cerebro se detiene para descansar, el ojo derecho se cierra. Un ojo y la mitad del cerebro permanecen despiertos y alertas. Luego, los lados cambian. Esta estrategia ayuda al lagarto a sobrevivir. Cuando un barramundi hambriento nada demasiado cerca, el pequeño cocodrilo se despierta al instante y se aleja.

La caza no ocupa todo el tiempo de un cocodrilo. Como son de sangre fría, los cocodrilos van a tierra para asolearse y calentarse. Si se calientan demasiado, abren las mandíbulas para liberar calor. A veces, en épocas frías o secas, los cocodrilos excavan madrigueras en la orilla del río. Se arrastran allí y descansan hasta que las condiciones mejoran.

Los cocodrilos viven en climas cálidos. Viven sobre todo en zonas de África, Asia y Australia. Algunas especies viven en América. Los cocodrilos tienen glándulas salinas en la lengua que les permiten tolerar el agua salada. Se han encontrado lejos de tierra, en mar abierto.

Vivan donde vivan, los cocodrilos necesitan tierra y agua. En tierra anidan, comen animales terrestres y toman el sol. En el agua, se esconden, cazan y se aparean.

(2) AÑOS

- Longitud: 4.8 pies (145 cm).
- Peso: 26 libras (12 kg).
- Los machos ahora crecen más que las hembras.
- Come pequeños mamíferos en la orilla del río.

PRIMER PLANO

Orejas y fosas nasales

Cuando los cocodrilos se sumergen en el agua, unas aletas musculares se cierran sobre sus orejas y nariz para impedir la entrada de agua. Esto no afecta su capacidad auditiva. Sin embargo, los cocodrilos no parecen ser capaces de oler bajo el agua.

FAMLIA DESTACADA

Inténtalo

Cuando tiene un año, el cocodrilo de agua salada mide unos dos pies (61 cm) de largo y pesa cuatro libras (2 kg). Está aprendiendo a ser un cazador sigiloso. Divisa una jacana. El pájaro de plumas rojas se posa en un nenúfar y saca insectos del agua. El cocodrilo se sumerge. Nada rápidamente, pero no hace ondas. Esto puede deberse a que las crestas óseas de su lomo crean ondas submarinas que pueden disipar las ondas de la superficie. Al llegar debajo del nenúfar, espera. La jacana se agacha y el cocodrilo arremete. Cierra sus mandíbulas en una vigésima de segundo. ¡Éxito!

LOS COCODRILOS van a *la orilla* para ASOLEARSE.

(6) AÑOS

- Longitud: 6 pies (1.8 m).
- Peso: 62 libras (28 kg).
- El mayor peligro proviene de los cocodrilos más grandes.

(12) AÑOS

- Las hembras alcanzan la madurez sexual y se aparean por primera vez.
- Las hembras excavan nidos de práctica para encontrar el lugar perfecto para sus huevos.
- Se alimentan de peces, aves acuáticas y mamíferos más grandes.

PRIMER PLANO

Peleas

Cuando los cocodrilos pelean, hacen un gran despliegue de fuerza. Dos cocodrilos arremeten, muerden y se golpean con las mandíbulas. El perdedor puede escapar con vida. O puede acabar en la garganta del ganador.

CAPÍTULO TRES

LECCIONES DE VIDA

Los cocodrilos son cazadores formidables. Un cocodrilo tiene muchas adaptaciones que le ayudan a moverse hábilmente por el agua. Sus ojos, orejas y nariz están ubicados en la parte superior de su cráneo. Mientras espera para emboscar a su presa, la mayor parte del cuerpo del animal se esconde bajo el agua.

Los cocodrilos pueden utilizar sus músculos para desplazar sus órganos internos. Pueden ajustar la posición de sus pulmones para flotar más fácilmente. Esto les permite subir y bajar en el agua sin mover ninguna parte visible de su cuerpo.

17 AÑOS

- Longitud: 10 pies (3.3 m).
- Puede derribar búfalos de agua.
- Los machos alcanzan la madurez sexual.
- Pelea con el macho dominante.
- Es expulsado de su territorio.
- Nada a través del océano para encontrar un nuevo río.
- Se aparea por primera vez.

Los cocodrilos no viven solos, pero son territoriales. A veces, muchos cocodrilos pueden vivir pacíficamente en la misma zona. Sin embargo, muchas especies son agresivas. Los cocodrilos pelean por la comida y otros recursos. Los machos suelen pelear entre sí por el territorio. Esto es especialmente común durante la época reproductiva. La mayoría de los cocodrilos empiezan a reproducirse entre los 10 y los 15 años. Dependiendo de la especie, los cocodrilos viven entre 30 y 80 años en libertad.

Cada sección de un sistema acuático tiene un macho dominante. Suele ser el cocodrilo más viejo y grande de la zona. A medida que otros machos crecen o entran a un territorio, se producen fuertes peleas por el dominio. A menudo, el perdedor de una batalla se ve obligado a abandonar el territorio. A veces, los cocodrilos pelean entre sí hasta la muerte.

FAMLIA DESTACADA

Así se hace

A sus 17 años, «Crocki» se ha convertido en un feroz depredador. En una soleada tarde de agosto, una pequeña manada de búfalos de agua se refresca en el río. El cocodrilo se sumerge completamente y se desliza hacia ellos. En un ataque increíblemente rápido, sujeta con sus mandíbulas a un búfalo. «Crocki» se revuelca una y otra vez en el agua, sacudiendo la cabeza y la cola. El búfalo se ahoga. Los golpes del cocodrilo desgarran el cuerpo del búfalo. El cocodrilo ha perfeccionado este **giro mortal** como una forma de matar a su presa y romperla en pedazos del tamaño de un bocado.

PRIMER PLANO

Apareamiento

Durante la época de apareamiento, los machos emiten sonidos graves y golpean la superficie del agua con la cabeza. Las hembras apuntan con la cabeza hacia arriba. Cuando una pareja acepta aparearse, emite gorjeos y hace burbujas. El apareamiento tiene lugar completamente bajo el agua.

(40) AÑOS

- Longitud: 17 pies (5.2 m).
- Peso: 1,000 libras (454 kg).
- Macho dominante de su territorio.
- Está completamente desarrollado, pero puede seguir creciendo muy lentamente a lo largo de la vida.

Los cocodrilos son animales enormes y poderosos, y la gente siente curiosidad por ellos. En algunas zonas, los cocodrilos atraen a los turistas. En Australia, los turistas hacen cruceros fluviales. Quieren ver de cerca a los cocodrilos de agua salada. Los operadores turísticos alimentan a los cocodrilos con carne, así que los cocodrilos aprenden a relacionar los botes con una buena comida. Seguro que se reúnen y ofrecen un espectáculo a los turistas.

PRIMER PLANO

Colas

Las colas de los cocodrilos tienen muchos usos. Al nadar, los cocodrilos las utilizan como remos. Arquean sus colas para mostrar amenaza. Algunos cocodrilos utilizan la cola para impulsarse con fuerza desde el fondo del río.

FAMLIA DESTACADA

La práctica hace al maestro

«Crocki» mide ahora 11 pies (3.4 m). Está listo para aparearse. Será un gran desafío. Los cocodrilos son territoriales. Un macho dominante manda en cada sección del río. Cuando «Crocki» se atreve a acercarse a una hembra, el macho dominante de la zona se aproxima. Se levanta y usa su poderosa cabeza para aplastar al cocodrilo más pequeño. El cocodrilo más joven sabe que no es rival. Se escabulle y se aleja nadando para intentar en otra zona. Incluso puede nadar hacia el mar y luego hacia otro sistema fluvial. Con persistencia, puede convertirse algún día en un cocodrilo dominante con su propio territorio.

Los cocodrilos machos tienen **VIOLENTAS** *peleas por el* **DOMINIO.**

(73) AÑOS

- Cicatrices tras años de peleas.
- Tiene dificultades para defender su territorio.
- Fin de la vida.

CAPÍTULO CUATRO

AYUDANDO A LOS COCODRILOS A SOBREVIVIR

Los arcosaurios eran un grupo de reptiles que vivieron hace 250 millones de años. Los dinosaurios descendieron de ellos. Tanto los arcosaurios como los dinosaurios **se extinguieron**. En la actualidad, sólo sobreviven dos descendientes de los arcosaurios: las aves y los cocodrilos. Así pues, los parientes vivos más cercanos de los cocodrilos son las aves, y sus parientes extintos más cercanos son los dinosaurios.

¿Se extinguirán también los cocodrilos? De las 17 especies vivas de cocodrilos, cinco están en peligro crítico. Otras dos son vulnerables.

¿Qué está acabando con los cocodrilos? La pérdida de hábitat es la principal amenaza. A medida que los humanos construyen y urbanizan la tierra, hay menos espacio para los animales salvajes. La gente cambia los sistemas hídricos. La construcción de embalses y la desviación de los cursos de agua pueden impedir que los cocodrilos —o sus presas— alcancen partes de su hábitat. La caza ilegal, las redes de pesca y la contaminación del agua también son problemas para las poblaciones de cocodrilos.

Los cocodrilos no son tiernos ni adorables. Algunas especies incluso atacan y se comen a las personas. Puede ser difícil conseguir que el público se preocupe por la supervivencia de los cocodrilos. Pero vale la pena protegerlos. En los años 70, los cocodrilos de agua salada estaban casi extinguidos. Se aprobaron nuevas leyes para hacer ilegal su caza y captura. Hoy, los cocodrilos tienen una población estable y sana.

La especie más amenazada es el cocodrilo filipino. Los científicos creen que quedan menos de 150 en libertad. La Fundación Mabuwaya de Filipinas es un grupo que trabaja para salvarlos. Promueven métodos de pesca que no hacen daño a los cocodrilos. Recogen a los recién nacidos y los crían hasta que tienen edad suficiente para sobrevivir. Luego los liberan en la naturaleza. También intentan educar al público sobre la importancia de los cocodrilos.

Los cocodrilos llevan mucho tiempo en la Tierra. Son una parte importante de muchos ecosistemas y redes alimentarias. También tienen importancia cultural y religiosa para algunos grupos de personas. Nuestro mundo no sería tan salvaje y maravilloso sin los impresionantes, y a veces agresivos, cocodrilos.

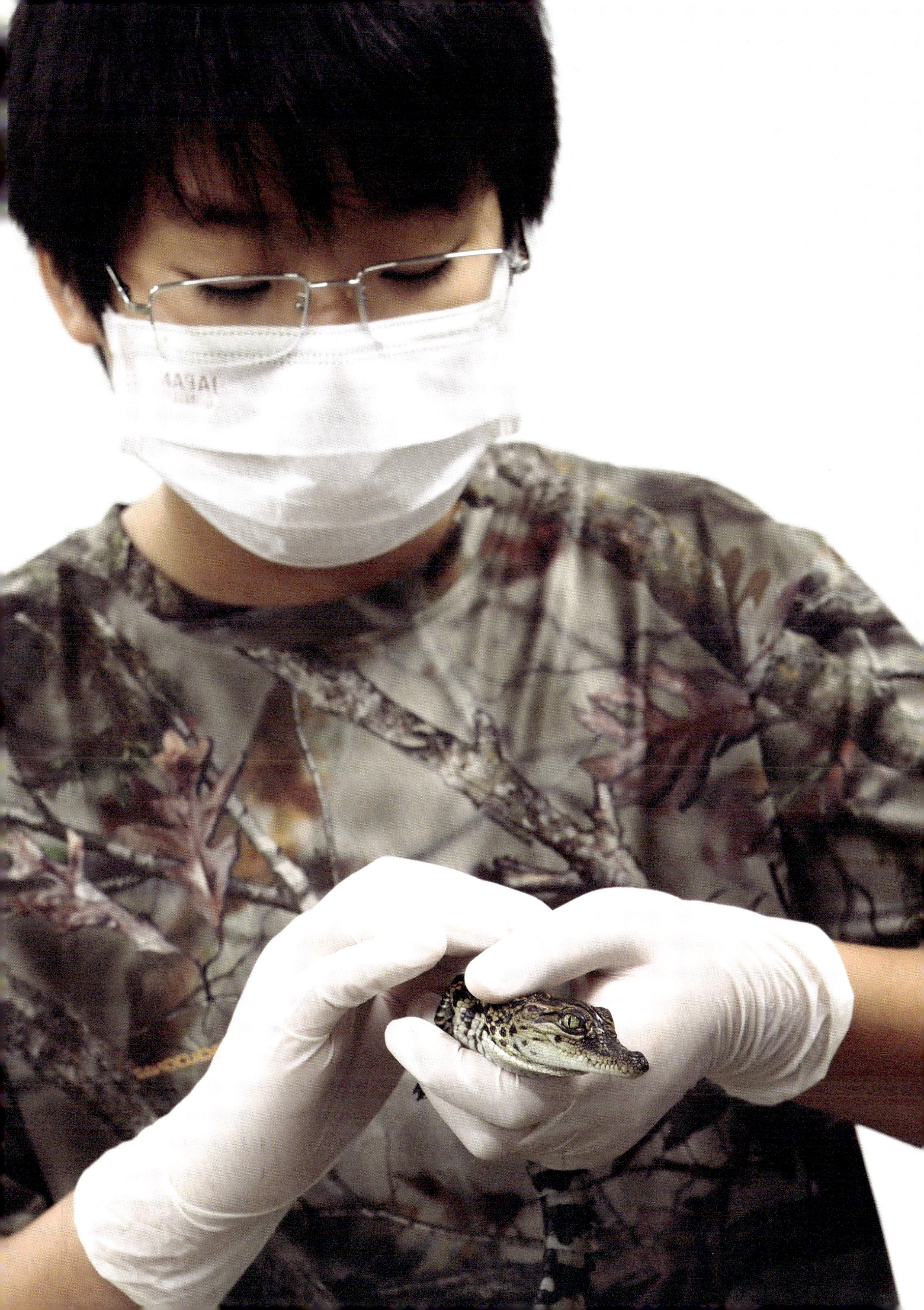

INSTANTÁNEAS

DEL ÁLBUM FAMILIAR

Los **cocodrilos americanos** cavan largas madrigueras en las orillas de los ríos. Una madriguera puede medir casi 30 pies de largo (9.1 m). Tiene una parte grande al final para poder darse vuelta.

Los **cocodrilos de agua dulce** del norte de Australia son los más rápidos de la tierra. Se les ha visto galopar a 11 millas (18 km) por hora.

Los **cocodrilos filipinos** anidan en las montañas de Luzón (Filipinas). Allí, los ríos caudalosos pueden arrastrar y ahogar a las crías.

Los **cocodrilos de pantano** tienen el hocico muy ancho, por lo que parecen más caimanes que cocodrilos.

Los **cocodrilos de agua salada** son los reptiles más grandes del mundo. A veces se les considera el animal con más probabilidades de comerse a un ser humano.

En el siglo XX, la caza redujo el número de **cocodrilos del Orinoco** de tres millones a sólo unos cientos de individuos.

En algunas comunidades, los **cocodrilos de África Occidental** se consideran portadores de lluvia.

Los expertos creen que entre 200 y 300 personas son devoradas cada año por **cocodrilos del Nilo.** Suelen ser personas que dependen de los ríos para cocinar y bañarse.

Los **cocodrilos de Nueva Guinea** son criados para obtener su piel. El gobierno permite esta práctica para que la gente no cace cocodrilos salvajes.

El nombre de los **cocodrilos «Mugger»** de la India (como se les conoce en inglés), procede de la palabra hindi *magar*, que significa «monstruo acuático».

Los **cocodrilos cubanos** tienen llamativas marcas amarillas, negras y blancas.

Los **cocodrilos enanos** centroafricanos se enfrentan a enormes amenazas de los cazadores que necesitan su carne para comerla o venderla y así ganar dinero.

PALABRAS que hay que saber

adaptaciones	Cambios que un ser vivo ha experimentado a lo largo del tiempo para acomodarse mejor a su entorno.
carroña	Carne muerta y en descomposición.
emboscadas	Ataques por sorpresa desde un lugar oculto.
escudos	Escamas óseas o grandes.
giro mortal	Técnica de balanceo y sacudida que utilizan la mayoría de los cocodrilos para ahogar y destrozar a sus presas.
invertebrados	Animales sin espinas, como insectos, arañas y caracoles.
salobres	Que contienen tanto agua salada como agua dulce.
sangre fría	Que tiene una temperatura corporal que varía según la temperatura del entorno; los reptiles y los peces son de sangre fría.
se extinguieron	Que ya no existen o que desaparecieron.
semiacuáticos	Que viven principalmente, pero no completamente, en el agua.
sueño unihemisférico	Sueño en el que sólo participan la mitad del cerebro y un ojo a la vez, permitiendo que la otra mitad permanezca alerta

Visita

FLAMINGO MARINA

Observa cocodrilos americanos amantes del agua salada y en libertad en este puerto deportivo del Parque Nacional de los Everglades.

1 Flamingo Lodge Hwy.
Homestead, FL 33034

INDIANAPOLIS ZOO

Observa un raro cocodrilo del Orinoco en una exposición llamada Caimanes & Cocodrilos: la lucha por sobrevivir.

1200 W. Washington St.
Indianapolis, IN 46222

ST. AUGUSTINE ALLIGATOR FARM

Este parque zoológico alberga cocodrilos del Nilo y muchas otras especies de cocodrilos. Exhibiciones, espectáculos y alimentación diaria.

999 Anastasia Blvd.
St. Augustine, FL 32080

TOLEDO ZOO AND AQUARIUM

Visita a Baru, el cocodrilo de agua salada residente.

2 Hippo Way
Toledo, OH 43609

ÍNDICE ALFABÉTICO